DESTINIANA,

OU

COUP D'ŒIL RAPIDE

SUR LES ÉVENEMENS DE LA VIE

DE H. J. LE TURC.

Dum spiro spero.

PREFACE.

L'ignorance des devoirs qui sont imposés à l'homme dès la naissance, et la faiblesse de la raison, occasionnent la plupart des disgraces qui lui arrivent dans le cours de la vie. C'est en vain, souvent, que le flambeau de l'expérience éclaire les bords du précipice vers lequel il se sent continuellement entraîné: un seul effort de sa volonté peut le lui faire éviter, mais il ferme les yeux pour n'en pas voir l'horreur et il finit par s'y précipiter. Pour moi je crois pouvoir raisonnablement attribuer les vicissitudes que j'ai éprouvées les affreux malheurs dont j'ai été accablés à une autre cause dont je n'ai jamais pu me rendre raison d'une manière satisfaisante, et à laquelle il eut été inutile de penser à résister. C'est ce dont on sera convaincu lorsqu'on aura jeté les yeux sur le tableau des évenemens qui me sont arrivés, et que j'offre aujourd'hui à la curiosité et à l'impartialité du Public. C'est à son tribunal que je laisse l'exa-

men de ma conduite. Si son jugement m'est favorable, si malgré quelques fautes dont je me suis rendu coupable, et que je ne cherche point à soustraire à sa connaissance, il prononce que je n'ai point mérité les persécutions qui m'ont été suscitées et que je ne suis point indigne de l'estime des honnêtes gens, je croirai dès lors pouvoir me livrer à l'espérance de voir enfin s'éteindre le sentiment douloureux que le souvenir du passé entretient dans mon cœur, malgré le témoignage de ma conscience qui me déclare innocent.

DESTINIANA,

OU

COUP D'ŒIL RAPIDE

SUR LES ÉVÉNEMENS DE LA VIE DE H. J. LE TURC.

Il est rare qu'un enfant n'apporte pas en naissant si non toutes, aumoins quelques unes des qualités phisiques et morales de ceux à qui il doit son être. Il arrive même que cette conformité donne lieu au rapport qui se trouve souvent entre les élémens dont se compose la vie de l'un et des autres. Jusques-là il n'y a rien qui doive nous étonner, non pas qu'on ait jamais rendu raison de ces phénomènes d'une manière satisfaisante, mais parce que tout ce qui est en rapport avec les idées que nous avons acquises dans l'enfance, ou pour mieux dire avec la disposition de nos organes, et qui est aussi dans l'ordre de la nature, finit toujours par être considéré avec moins d'intérêt et produit même l'indifférence. Mais si de ces qualités, de ces inclinations ainsi transmises d'un père à ses enfans, il résultoit non pas seulement les mêmes élémens, mais les mêmes événemens, on pourroit sans doute trouver la chose très-extraordinaire. Je m'explique, en me faisant une application particulière de ce que je veux dire. Une destinée fatale paroît avoir condamné l'auteur de mes jours à ne point connaître la prospérité. Mais on peut être malheureux de plusieurs manières. On peut l'être par les infirmités, par la privation des douceurs de la vie, par une certaine disposition d'esprit qui les rend insipides, ou qui les fait regarder comme insuffisantes etc. Il faut que commemoi il l'ait été par l'effet d'un sentiment qu'ont fait naître dans son cœur trop sensible, non pas tant les persécutions mêmes dont il a été si longtems la victime, mais la conviction où il n'a cessé d'être qu'il ne les avait point méritées, aussi bien que l'inutilité de toutes ses tentatives pour se reconcilier avec ceux qui les lui avaient sussitées, etc. etc.

Il y avait plusieurs années que mon père était admis dans le corps des ingénieurs dans les ponts et chaussées, lorsqu'à la recommandation des Ministres, il fut chargé par Louis XVI, d'une mission en Hollande et en Angleterre. Il en remplit l'objet à la satisfaction de ce Monarque qui lui donna des marques éclatantes de sa manificence. Il résidoit à Londres, attaché à l'Ambassade Française, à l'époque de ma naissance dans cette Capitale, (8 Octobre 1779). En 1780, un Bill pendant au Parlement au sujet des Catholiques, donna lieu à une commotion populaire qui causa la plus vive inquiétude au Gouvernement, la populace se porta aux plus grands excès. Plusieurs prisons furent démolies ; les maisons des Catholiques les plus marquans furent désignées comme devant être livrées au pillage et incendiées. Celle qui était habitée par mon père, ma mère et moi fut de ce nombre : elle reçut même une marque (ainsi que plusieurs autres à ce que l'on m'a assuré) qui ne pouvait laisser aucun doute sur l'intention des séditieux. Cela causa une telle frayeur à ma mère qui venait de relever de maladie, qu'elle eut une rechûte qui lui couta la vie, après l'avoir fait languir une année. Pour moi j'avais à peine deux ans lorsque mon père se décida à m'emmener en France. Il me laissa à Lille où ma mère et lui étaient nés. Quelques années après il me mit en pension chez sa propre sœur dont l'époux était receveur de la Douane à Douay. Je continuai à vivre avec ces derniers, tant à Douay qu'à Dunkerque, jusqu'au mois de Juin 1792, époque à laquelle mon père vint me chercher pour me conduire à Paris. Il m'y plaça dans une Pension où je restai à-peu-près deux ans. J'entrai ensuite chez un Procureur où je restai à-peu-près le même espace de tems. Lorsque je le quittai, mon père, qui quelque tems auparavant m'avait fait des questions extraordinaires au sujet d'une correspondance qu'il disait avoir existée entre sa sœur et ses ennemis, et qu'il m'avait été impossible de satisfaire, crut l'occasion favorable pour me forcer à lui révéler des choses dont je n'avais aucune connoissance. Il voulut me punir de ma prétendue opiniatreté; au moins n'ai-je aucun lieu de douter que la vengeance ne fut un des motifs qui le déterminèrent au parti qu'il prit alors à mon égard Il y avait à peine huit jours que j'étais chez-lui, lorsqu'il prit un arrangement avec un distillateur d'après lequel je devais rester six mois chez-lui pour apprendre son état, quoique je lui eusse déclaré formellement que celà n'était point en harmonie avec mes inclinations. Je formai donc la résolution de quitter ce distillateur, ne me croyant pas lié par des arrangemens auxquels je n'avais pas donné mon consentement. Je l'excutai sur le champ. Je partis de Paris sans faire mes adieux à personne, et me rendis à Dunkerque où je fus reçu à bras ouverts par la tante chez qui j'avais déjà été en pension. Elle parut très étonnée de la violence que son frère avait voulu faire à mes inclinations. Quelque tems après mon arrivée à Dunkerque je reçus par une voie indirecte plusieurs brochures que mon père venait de faire imprimer dans lesquelles il reclamait du Gouvernement une somme de plus de 800,000 francs qu'il n'a jamais touchée. Au bout de quelques mois je me séparai d'avec cette tante pour entrer dans la Marine. J'y passai plus de deux ans et demi tant à bord d'une Corvette comme écrivain du Commis aux vivres, qu'en qualité de Timonier dans une Canonnière. Lorsque je fus admis dans cette dernière je venais d'arriver d'un voyage que j'avais fait à Paris et que j'avais entrepris dans la vue d'obtenir au moins un adoucissement à la rigueur de l'arrêt que mon père avait porté contre moi Lorsque je fus introduit en sa présence, je vis bien à la manière dont il me reçut qu'il n'était pas encore revenu de ses préventions Ni mes larmes, ni mes prières, ni mes protestations ne purent le toucher. Il exigea que je lui communiquasse tous les faits qui étaient venus à ma connaissance relativement à la persécution dont il était la victime. Mais bien loin de pouvoir le satisfaire à cet égard, je ne pouvais pas même deviner ce qui avait pu le porter à croire que je seusse autre chose que ce qu'il m'avait appris lui même. Je ne pouvaisdouter qu'il n'eut des ennemis Je savais que les fenêtres de ses appartemens aux quinze vingts avaient été brisées, que des garnissaires avaient été placés chez-lui ; que quelque-tems avant la chûte de Robespierre il lui avait été enjoint d'évacuer sur le champ ces appartemens qu'il tenait des bienfaits du Roi, et que la manière dont cet ordre reçut son exécution prouvait clairement que la haine de ses ennemis entrait pour quelque chose dans le motif qui y avait donné lieu. Mais aucune proposition ne m'avait été faite par ces ennemis : je ne les avais jamais vus. Il voulait cependant que j'entrasse dans le plus grand détail à ce sujet ; et il m'assura même que c'était le seul moyen de le décider à me rendre son affection, et à venir à mon secours. Dans l'embarras extrême où celà me jeta j'avoue que je fus sur le point de succomber à la tentation d'accuser sa propre sœur, la même qui m'avait fait un accueil si flatteur à Dunkerque, et qui aurait sans doute reçu aussitôt et à son grand étonnement deux ou trois missives un peu vives ; mais l'amour de la vérité, la reconnaissance, que je lui devais pour toutes les marques d'attachement qu'elle m'avait données, l'emportèrent sur les puissantes considérations qui seules pouvaient me rendre excusable de n'avoir pas sur le champ repoussé cette idée. Ainsi nous nous séparames également mécontens l'un de l'autre. Lui de n'avoir pu obtenir ce qu'il désirait, moi d'avoir fait de vains efforts pour lui persuader qu'il n'était pas en mon pouvoir de le lui accorder. Au moins j'emportai la douce consolation de lui avoir entendu prononcer plusieurs paroles qui ne me laissaient aucun lieu de douter qu'il ne s'était pas entièrement dépouillé des sentimens d'un père. Voyant combien j'étais affecté, combien je mêlais d'expressions de tendresse filiale aux adieux que je lui faisais il me dit, sans doute pour adoucir l'amertume de ses cruelles inputations « qu'il n'attribuait qu'à ma » foiblesse la faute que j'avais faite en accédant aux » propositions de ses ennemis, et qu'il me conseil- » lait de quitter la France, afin d'éviter les pièges » qu'ils ne cesseraient de tendre à la bonne foi. « Il y avait longtems que j'avais formé ce projet. Je n'attendais qu'une occasion favorable pour passer en Angleterre ; non pas pour me soustraire aux pièges qu'on se proposait de me tendre, mais pour tacher de perdre le souvenir des événemens qui s'étaient passés pendant la révolution et dont javais été témoin, en m'éloignant des lieux dont ils avaient été la scène. La guerre qui existait alors entre la France et l'Angleterre, et l'occupation de la Hollande par les Français m'avaient toujours empêché d'effectuer mon dessein. Ce ne fut qu'en 1800. qu'il me vint dans l'idée de m'embarquer dans un Corsaire dont la destination serait le nord de l'Europe. J'esperais qu'il pourrait me conduire dans un Port de mer d'où il me serait facile de me rendre dans un Port neutre et de là en Angleterre, ce fut en effet de cette manière que je m'y pris pour aller à Brake sur le Weser ; j'y trouvai un Navire sur le point de faire voile pour Hull. Au commencement d'octobre suivant, j'arrive à Londres ; j'avais en entrant dans cette ville les adresses de plusieurs personnes qui avaient été liées avec mon père. Un Emigré français dont je fis la connaissance m'offrit généreusement ses services pour tacher de les découvrir. Nous traversames dans tous les sens les divers quartiers de cette immence cité ; mais nos peines furent inutiles; car après avoir marché toute une journée nous finîmes par apprendre qu'elles étaient mortes depuis plus de dix ans. Quoique cet Emigré me témoignat un peu de mécontentement de lui avoir fait faire une semblable démarche, il ne se rebuta pas. Nous continuames nos recherches et nous parvimmes à trouver la demeure de mon parrain. Celui-ci et un négotiant Anglais vinrent tous les deux à mon secours.

13 Mars 1801 ; j'entre dans un Pensionnat en qualité de Précepteur. Tout le monde a entendu parler de la misère à laquelle furent réduits la plupart des Emigrés dans le principe de leur émigration. Un auteur qui a écrit sur ce sujet en fait une peinture effrayante. En Angleterre cependant, ils eurent moins à souffrir. Des quêtes, des sommes votées par le Parlement, pourvurent à leurs besoins les plus pressans ; mais comme les secours qu'on leur distribua en conséquence ne furent portés au taux où ils étaient en 1813, que graduellement, ils furent exposés pendant longtems à des privations auxquelles ils n'avaient pas toujours été accoutumés. Ils se livrèrent pour la plupart à différens genres d'industrie Les uns établirent des manufactures, etc d'autres trouvèrent dans la multiplicité des Pensionnats une resource honorable. Plusieurs de ces derniers que l'âge, que le chagrin rendaient incapable de supporter le bruit que font des écoliers dans les heures de récréation, croyaient en changeant de place, éviter des inconvéniens qui existent dans toutes. J'avoue que d'abord j'en fus un peu étourdi : je m'y accoutumai insensiblement, je finis par convenir avec un Maître de Pension que c'était un remède contre les réflections et la mélancolie. Ce n'est donc

point la seule considérationdes inconvéniens attachés à cette profession qui me déterminèrent à changer jusqu'à vingt-deux fois : un enchaînement de circonstances assez singulières y concourut. Dabord comme les Maîtres de Pension savaient que j'avais présenté plusieurs projets aux Ministres ; qu'ils croyaient d'ailleurs avoir sujet de craindre d'après la connaissance qu'ils avaient de mes papiers, que mon intention ne fut de leur nuire auprès du Gouvernement, ils exercèrent envers moi une surveillance qui me parut extremement génante

Ils employèrent même toutes sortes de moyens pour me forcer à m'éloigner de Londres, je commençai dès lors à écrire des mémoires ; je les fis circuler; je les communiquai aux Ministres, mais je ne pus jamais les déterminer à ordonner une enquête dans mon affaire En conséquence de cette injuste persécution je fus obligé dem'adressser en1806,à l'époque de la mort de Mr. Pitt à un courtier de commerce qui me conduisit à bord d'un transport armé (*Store Ship*) sur le point de faire voile. Ce ne fut que quelques joursaprès avoir été admis dans ce vaisseau qu'on me désigna la nature des occupations auxquelles je devais être livré. Le poste qu'on me proposa ne me convenant point, je demandai ma décharge: on me mit à terre sur le champ : je revins à Londres. Vers la fin deFévrier1806 je m'engage comme simple soldat de marine. 7 Mars suivant, je pars pour Londres sans permission. 11Mars j'arrive àPortmouth Le 13 je me laisse conduire à bord du vaisseau Amiral dans la rade, par un racoleur. (Le nom que j'avais reçu en m'engageant comme soldat de marine était Steinbracher, celui que je pris en cette occasion fut Snoudon) J'étais engagé comme simple matelot mais on m'avait donné à entendre à terre que je trouverais un emploi avantageux dans un vaisseau de la marine Royale, ou même à bord de l'amiral. Je restai apeuprès un mois dans ce vaisseau ; j'y fus traité avec égards : on n'exigea même pas que je contribuasse aux travaux journaliers auxquels je n'avais pas le droit de me soustraire. Il est vrai qu'un contre maitre s'avisa un jour de me donner des ordres, mais il ne le fit pas de manière à ne pas me l'aisser entrevoir qu'il ne m'arriverait rien de fâcheux dans le cas où je témoignerais de la répugnancea m'y soumettre. Cependant je commençais à regretter d'avoir pris un parti qui m'avait privé de la liberté, et qui m'exposait à toutes sortes de désagremens. Je considérais avec peine que l'état de tranquillité dont on me laissait jouir dépendait du caprice de tous ceux qui avaient quelqu'autorité sur moi. Je priai donc l'Amiral du port, Montagu, dans une pétition que je lui fit tenir, de vouloir bien m'envoyer en prison comme français. Au lieu de me l'accorder, on me transféra à bord de la Canonière le *Race-Horse*. L'Amiral y vint lui-même bientôt après. Il parut entendre le récit que je lui fis de mes malheurs avec intérêt : il promit de m'envoyer en prison. J'attendis deux jours l'effet de cette promesse. Voyant qu'on faisait des préparatifs à bord qui s'emblaient indiquer un prompt départ, je demandai une explication au Capitaine : il me répondit qu'il avait été décidé que je serais du voyage et voilà tout ce que je pus alors en obtenir ; mais lorsque nous fumes sous voile, il me fit appeler, et m'apprit qu'il avait reçu l'ordre d'établir une croisière dans la manche afin d'intercepter les navires Prussiens ; que s'il faisait des prises j'en aurait ma part, et qu'aussitôt qu'il aurait jeté l'ancre dans la rade de Portsmouth, il me ferait mettre à terre ou à bord d'un ponton. Il tint sa parole. Vers le milieu du mois de Mai, je vins à bord du ponton le Suffolk. Le Capitaine me sépara d'abord des autres prisonniers, sans doute parcequ'il craignait qu'ils ne me molestassent, mais voyant que je me mêlais parmi eux sans qu'il m'arrivat rien de facheux, il me fit coucher dans la demi prison. Ce fut alors que je commençai à penser sérieusement aux moyens de me tirer de ce mauvais pas. D'après ce que l'agent des prisonniers m'avait dit, je n'avais pas lieu de croire que le bureau des transports me fut très favorable. Ainsi je ne pouvais fonder mes espérances que sur les démarches que mes connaissances de Londres voudraient bien faire. Je leur envoyai un nombre assez considérable de lettres, auxquelles je ne reçus qu'une seule réponse de la part de celui qui avait mes papiers. Je lui récrivis sur le champ pour l'autoriser à attaquer judiciairement le bureau des transports dans le cas où après avoir pris connaissance de mon extrait de baptême et d'autres Pièces qui prouvaient que j'étais Anglais, ils persisterait dans son intention de me retenir en prison. J'attendis sa réponse pendant un mois : elle avait été interceptée. 12 X.bre 1806; un convoi de prisonniers partit pour l'intérieur, j'avais demandé et obtenu la permission d'en faire partie ; le soir du même jour je parvins à aveugler la vigilance des sentinelles. 30 Aout 1808; je fus arrêté dans une rue de Londres par un Allemand qui s'était engagé avec moi en 1806, et je fus conduit à Chatham où était le dépôt. Il y avait alors une amnistie pour les déserteurs ; cependant en arrivant à Chatham; on me renferma dans la salle de discipline. Je fus même obligé d'assister au châtiment corporel qui fut infligé à plusieurs soldats, ayant un bonnet rouge sur ma tête, mon habit retourné. Il ne me fut possible de m'en aller qu'un mois après mon arrestation. 16 Mai 1809, je lis dans le Morning-Chroniel une annonce qui y avait été insérée par l'ordre du Ministre de l'intérieur, par laquelle on témoignait le desir de savoir ou je demeurais. Je portai moi même une lettre à l'adresse qui m'avait été indiquée, et j'eus en conséquence plusieurs conférences avec Mr. Brooke, l'un des membres du bureau des étrangers, lequel avait été nommé pour arranger mes affaires ; mais elles n'eurent pas l'heureux résultat que j'en attendais. Plusieurs circonstances que je ne puis rapporter ici, donnèrent lieu à cette mesure.

Je me contenterai de dire que le Gouvernement ne pouvait ignorer que le Parlement était saisi de mon affaire et que si ce dernier ne pouvait pas toujours prévenir les injustices, il avait au moins bien des moyens pour les faire tourner au désavantage de ceux par qui elles étaient cummises. 25 8.bre 1809 jour du jubilé du Roi ; je vois dans les journaux deux Proclamations : l'une conditionnelle pour les Troupes de ligne, la seconde non seulement amnistie les soldats de Marine déserteurs, elle les dispense de rejoindre leurs corps. Quelques jours auparavant j'avais renoué mes négociations avec Mr. Brooke, je le vis le 24 8bre. Il exigea que je laissasse mon extrait de baptême dans son bureau jusqu'au 26 et m'assurà que dorénavant je pouvais revenir chez lui sans rien craindre. Le 26 M. Reeves, chef du bureau des étrangers, me donna un certificat lequel portait : qu'étant né en Angleterre, je n'avais pas besoin d'une licence d'étranger. Je dois infiniment de reconnaissance à Mr. Brooke, et quoique je n'aie jamais donté que l'influence secrète du Parlement n'eut contribué à cet acte de générosité de la part des Ministres, j'ai cependant toujours été loin de croire qu'ils étaient entièrement dépourvus d'humanité.

3 Juin 1812 ; je venais de faire imprimer une brochure contenant un abrégé de l'histoire de mes malheurs. Le libraire à qui j'en confiai la vente se laissa corrompre par mes ennemis. Il partit pour la Province sans m'en prévenir et défendit à son épouse de me remettre mes brochures si je les redemandais (Il n'avait qu'une partie de l'édition) ou même d'en vendre à ceux qui se présenteraient pour en acheter. Je me transportai aussitôt dans un bureau de police j'entrai dans une salle ou étaient deux Magistrats et plusieurs autres personnes, tenant un couteau dans une main, et un exemplaire de ma brochure dans l'autre. Je jetai ce dernier sur la table et dis aux Magistrats que s'ils continuaient à encourager les efforts de mes ennemis pour me perdre, en

me refusant l'appui des lois etc. je me verrais dans la nécessité de faire justice moi même. Après cela je me retirai sans qu'aucun de ceux qui étaient présent fissent le moindre mouvement pour m'arrêter. Le lendemain 4 Juin jour de la naissance du Roi, j'y retournai : à peine étais-je entré dans la salle, qu'un des Magistrats s'avança vers moi et me demanda ce que je voulais. Je lui répondis que je desirais qu'on me rendit justice : à l'instant il me saisit au collet je demandai un éclaircissement: on m'envoya en prison : * quelques jours après on me fit revenir à ce bureau pour m'interroger. Le Magistrat qui en était chargé m'assura que c'était pour mon bien qu'on me retenait en prison. Un autre jour il me conseilla de me faire reclamer par le bureau des étrangers comme Français. Enfin un Monsieur me dit en la présence du même dans la troisième entrevue que j'eus avec lui, qu'on me dédommagerait du tort que ma détention me causait : c'était en effet une grande injustice que l'on commettait envers moi ; depuis longtems je reclamais la protection de la police contre les machinations de mes ennemis. Bien loin de me l'accorder, on avait souvent refusé de m'entendre. Si ma conduite n'avait pas toujours été irréprochable, si les maîtres de pension n'avaient pas eu des torts envers moi auraient-ils souffert que je fusse admis dans vingt-deux places différentes ? Il existe à Londres des bureaux où l'on peut obtenir tous les renseignemens possibles sur le compte des précepteurs. Les noms de ceux qui se sont rendus coupables de quelque faute ou qui paraissent trop enclins au changement recoivent dans des registres que l'on tient dans ces bureaux, une marque qui les exclut à j'amais du nombre des élus Mais je le répète

---

* C'est à peu près à cette époque que la guerre s'est allumée entre les Etats-Unis d'Amérique et la Grande - Bretagne.

mon inconstance n'a point été la cause, elle a été l'effet de la persécution que j'ai essuyée. Tous les faits que j'ai rapportés viennent à l'appui de mon assertion: cependant les magistrats de Londres avaient accordé l'impunité à mes oppresseurs ; ils avaient été pendant plusieurs années, spectateurs indifférens de la lutte que je soutenais seul contre les efforts réunis d'un corps puissant. Rebuté de ne pouvoir remporter que quelques légers avantages sur cette armée de maîtres d'école qui m'assaillait de toutes parts, je résolus de déployer toutes les forces que la loi mettait à ma disposition, et que je regardais comme ma dernière réserve, afin de porter un coup décisif. Je fis un appel à la police : elle me relança dans l'arène, elle tourna même contre moi ces mêmes secours qu'elle m'avait refusés si injustement, pour me punir d'une faute légère qui trouvait son excuse dans la considération qu'elle même m'avait mis dans l'impossibilité de l'éviter. Quoique je ne pusse rester plus de six mois en prison, je me décidai cependant à demander au bureau des étrangers mon renvoi de l'Angleterre. *D'abord on me fit dire : qu'on ne le pouvait pas puisque j'étais Anglais.* J'écrivis une seconde lettre. 2 Septembre ; un messager du bureau des étrangers vint me chercher, moi et un Allemand qu'on renvoyait ; il nous conduisit à bord du côtre la fly, alors mouillé devant Gravesend. 8 Octobre jour de ma naissance, on fit à bord toutes les dispositions nécessaires pour partir. Le lendemain 9, nous mouillames à l'embouchure de la Tamise. Un des membres du bureau des étrangers de Gravesend qui m'avait accompagné jusques là m'offrit toutes les consolations en son pouvoir : il me dit entr'autres choses : que l'ordre du Prince Régent ne portait pas qu'il me fut défendu de revenir en Angleterre.

Il avait apporté deux numeros du journal Anglais le Times, du 8, lequel contenait la traduction du bulletin où il est question de l'entrée des Français dans Moscou. Je crois qu'ils sont venus en France.

Le 10 je m'embarque dans un pêcheur Hollandais. Le 11 débarqué dans l'île de Gorée. Le 16 arrivé à Roterdam. Le Commissaire-Général de police m'envoie dans le Dolhuys de cette ville, je n'en sors que trois mois après, le 16 Janvier 1813. Je demandai aussitôt un passeport pour Lille, où j'avais quelques petites affaires à terminer : on me le refusa. Je représentai que Roterdam ne m'offrait aucune ressource ; la police me proposa des secours. Je ne pouvais les accepter. L'ex-Empereur Napoléon qui ne considérait mon expulsion de l'Angleterre et mon arrivée sur le continent que comme un moyen que le Gouvernement Anglais lui avait fourni de faire une opération qui fut d'accord avec les vues de sa politique, fut porté pas cette considération à me faire faire des propositions. Il voulait que je refondisse, que je complettasse mon ouvrage à Roterdam ; que je le fisse distribuer en Angleterre sans y aller moi même. Mille raisons m'empêchaient de regarder ces offres comme des avantages ; je voulais maintenir mon indépendance, etc. 25 Avril, on me donne enfin un passeport pour Lille en vertu d'une décision du Ministre du 15. A mon arrivée dans cette dernière ville, M. le Maire m'apprit à mon grand étonnement que d'après des ordres du Gouvernement, je devais y rester en surveillance. On me donna cependant très clairement à entendre quelque tems après, que je pourrais retourner à Roterdam. Je voulais aller à Hambourg. J'écrivis à Mr. Duplantier, Préfet du département du Nord. Il m'accorda une audience, me reçut fort bien et m'offrit cent mille livres de rente à des conditions toute fois qui ne pouvaient me convenir. Le 20 Aout je partis de Lille sans passeport et me rendis à Munick par Bâle et Constance. J'arrivai à Munick le 12 Septembre ; le 15 je portai chez Mr. De Ringl, Conseiller intime du Roi de Bavière, un paquet contenant une lettre pour Sa Majesté et plusieurs autres pièces. Je me remis aussitôt en route. Le 18 je fus arrêté dans un village à trois lieues de Braunau où était le quartier-général de l'armée Bavaroise et où je fus envoyé le lendemain. Mr. le Général . . et le Commandant de la place vinrent me voir dans ma prison, et dans des paroles pleines de bonté, ils promirent de décider mon sort aussitôtqu'ils auraient pris connaissance de mes papiers Le 21 ils m'envoyèrent en poste à Munick où j'arrivai le 24. La veille, le gendarme qui m'avait accompagné ce jour là se sépara de moi après m'avoir donné un billet de logement. Je me promenai seul dans l'endroit. A Munick on ne m'envoya point en prison. Je fus enfermé sous clef dans un petit appartement dans les bureaux de la police. Le 1.er 8 bre je partis de Munick. Le 2 arrivé à Augsbourg où je reste jusqu'au 6. Le 8 je passe par Ulm. Le 13 je couche à Rastadt. Le 15 j'arrive à Strasbourg. Je fus traité sur la route de la même manière que je l'avais été depuis Braunau On ne voulut point souffrir que je fisse aucun déboursé quoique j'offrisse de payer tous les frais. Le Gouvernement Bavarois m'a comblé de bontés. Je regrette bien sincèrement de ne pouvoir lui donner des marques de ma vive reconnaissance. On fut très étonné à Strasbourg que j'eusse pu m'exposer à entrer dans la ville. J'avoue qu'il y avait un peu de témérité. La modération de l'ex-Empereur Napoléon à mon égard n'est pas moins étonnante que la confiance que j'ai fait paraître dans cette occasion. Il y a même de la générosité dans sa conduite. Qu'il vive heureux dans la retraite qu'il s'est choisie ! Que le sang cesse de couler ! !

Au commencement de Janvier [illegible] les ennemis formèrent le blocus de la ville Quelque tems après j'écrivis à MM. les Comtes Rœderer, Commissaire extraordinaire, et Broussier, Gouverneur de la ville. J'éprouvai dès lors beaucoup de soulagement dans la maison d'Arrêt ou j'étais détenu. Ils me firent traiter avec beaucoup d'humanité ; je leur dois infiniment de reconnaissance.

TABLEAU

Des Evénemens remarquables arrivés à H. J. Le Turc.

N. B. *Ce tableau n'est point complet : je le fais à la hâte et de mémoire. On peut compter sur l'exactitude des dates.*

13 Mars 1806.

Je vais à bord du vaisseau Amiral dans la rade de Spithead à Portsmouth. Le vaisseau Français le Marengo et la frégate la Belle - Poule furent pris ce jour là par les Anglais sur la côte d'Afrique ; une partie de leurs équipages vint à bord du Ponton le Suffolk où je fus moi-même détenu.

12 Décembre 1806.

Je recouvre ma liberté, ayant été neuf mois tant à bord de l'Amiral qu'à bord du Ponton.

12 Décembre 1807.

J'étais dans une pension à 10 milles de Londres ; un nombre assez considérable de Prisonniers de guerre Français qui allaient à Portsmouth, couchèrent ce jour là dans le même endroit.

12 Décembre 1808.

J'étais dans une autre pension près de Londres ; un des membres du bureau des transports vint ce jour là voir ses deux fils qui étaient dans cette pension Le bureau des transports est chargé de tout ce qui concerne les Prisonniers de guerre.

12 ~~21~~ Décembre 1809.

Je demeurais au collège de Kensington. Le principal qui sortait très rarement vint ce jour là à Londres pour assister au service d'un Gentil-homme Français qui était mort dans ce Collège au commencement du mois. Ce service fût célébré dans la chapelle de King Street (rue Royale.)

12 Décembre 1810.

J'étais commis chez un Libraire Français dans cette même rue Royale ayant quitté ce Collège quelque temps auparavant.

25 Mai 1808.

Je porte de Dorking où je demeurais (à la même distance de Londres que Windsor où réside le Roi) deux lettres et plusieurs papiers au bureau du Ministre de l'Intérieur ; l'une de ces lettres était adressée au Ministre, l'autre aux employés de ses bureaux. Elles contenaient l'exposé des motifs qui m'avait déterminé à quitter la France ; des réclamations au sujet de la persécution que j'éprouvais ; la déclaration qu'il existait un complot contre l'état.

Même jour, débats dans la chambre des Communes au sujet des catholiques qui durent toute la nuit. Insurrection des ouvriers sans ouvrage à Manchester. La foire commença à Dorking où j'étais dans un pensionnat. Celà me fournit une occasion pour m'absenter. Le bruit de la mort du Roi d'Angleterre se répandit sur le continent à la même époque.

25 Mai 1809.

Une salve d'artillerie annonce une victoire remportée par les Anglais dans la Péninsule.

25 Mai 1810.

Débats dans la Chambre des Communes au sujet des Catholiques.

25 Mai 1811.

Une salve d'artillerie annonce une victoire remportée par les Anglais dans la Péninsule.

La maison de Lord Wellington est illuminée, le Duc D'York qui avait été obligé de se démettre de sa place de Commandant en chef est réintégré le même jour dans ses fonctions.

30 Aout 1808.

Je suis arrêté dans Londres et conduit à Chatham. Convention de Cintra si désavantageuse à l'Angleterre signée le même jour.

30 Aout 1809.

Lord Chatham écrit de Walchéren qu'il a 3,000 malades, qu'il lui est impossible d'accomplir les objets ultérieurs de l'expédition.

13 Septembre 1806.

Je fais des plaintes amères au Commissaire du Ponton le Suffolk où j'étais détenu, lui représentant qu'il y avait six mois que j'étais privé de ma liberté. Mort du premier Ministre Mr. Fox le même jour.

13 Septembre 1808.

Le vaisseau Anglais le Sultan fut frappé de la foudre dans la Méditerrannée, plusieurs hommes furent blessés. On m'a assuré que le Suffolk s'était aussi appelé le Sultan avant la mort de Mr. Pitt.

13 Septembre 1813.

J'arrivai à Munich le 12 Septembre. Le 13 plusieurs arches du pont sur l'Yser furent emportées par la violence du courant. Plus de cent personnes qui étaient alors sur le pont, tombèrent dans la rivière et furent noyées. Ce malheureux accident m'empêcha de partir le 14 comme je me l'étais proposé. Je passai la rivière sur un autre pont à une lieue de Munick.

25 Octobre 1809.

Jubilé du Roi et Amnistie générale, pour tous les déserteurs.

25 Octobre 1810.

J'étais au collège Français de Kensington dont le premier Principal avait été le Prince-Abbé de Broglio. J'y étais entré le 11 Juillet 1809. Il avait été bâti (au moins on me l'à assuré) par un Roi d'Angleterre Il était situé en face du palais de Kensington où George II, était mort cinquante ans auparavant. Le 25 je vis une annonce dans le *Morning Advertiser* par laquelle on demandait un Précepteur. Je quittai ce Collège le 29, ensuite je me présentai à l'adresse qui avait été indiquée. Je fus agréé. Les premiers symptômes de la maladie du Roi se manifestèrent le 25, mais on ne le sut dans le public que le 31. Le Roi n'habitait point ce Palais. Il était occupé par la Princesse de Galles et plusieurs Princes du sang.

TABLEAU COMPARATIF

Des circonstances qui ont accompagné l'arrivée de M. Le Turc à Roterdam et à Strasbourg.

ROTERDAM.	STRASBOURG.
J'arrive à Roterdam le 16 *Octobre* 1812.	*J'arrive à Strasbourg, le* 15 *Octobre* 1813.
Il y avoit à bord du bateau pêcheur Hollandais, dans lequel je fis la traversée, plus de dix passagers, dont quatre seulement étaient renvoyés de l'Angleterre, un Négociant, un jeune-homme de Paris, une Dame Allemande et moi	Je suis entré dans Strasbourg, avec trois autres personnes, outre un Gendarme Badois qui nous accompagnait, et qui souvent nous laissait derrière-lui, ou au moins quelques-uns de nous.
Il y avait un Commissaire-général de police à Roterdam.	Il y en avait aussi un à Strasbourg.

La distance des deux Villes de Paris est à-peu-près la même, leur population est à-peu-près aussi la même, mais on ne peut rien dire de positif à cet égard.

TABLEAU COMPARATIF des Evénemens du

15 *Avril* 1813.	15 *Avril* 1814.
Décision du ministre d'après laquelle j'obtiens un passeport le 25 Départ de l'ex-Empereur Napoléon pour se mettre à la tête de la grande armée.	Le 15 un armistice fut conclu entre le Gouvernement de Strasbourg et le Général Commandant les troupes du blocus. Entrée de l'Empereur d'Autriche dans Paris.

Les limites que je me suis prescrites me forcent de supprimer un nombre considérable d'événemens dans le même genre qui me sont arrivés. Je voudrais seulement faire remarquer la visite de l'ex-Empereur Napoléon à l'Observatoire à son retour de Moscou, la manière dont est rédigé le décrêt qui nomme provisoirement à la Préfecture du Nord le conseiller d'Etat Beugnot, l'époque de l'emprisonnement du Ministre de la Police a qui je crois on venait d'envoyer plusieurs de mes papiers, l'envoi à Strasbourg de deux Commissaires extraordinaires les Sénateurs Comtes Rœderer et Démont (dont j'ai remarqué les noms). etc.

Le N.° 9 du Courrier de Strasbourg, (*Du 6 Février* 1814.) contient le rapport du Gouverneur, d'une sortie qu'il avait faite. Voici deux passages de ce rapport.

» Le Colonel Brouville les a conduits avec bra- » voure, intelligence et sang froid.

» Il était chargé de cette attaque et il l'a parfaite- » ment dirigée. Il a forcé l'ennemi à se montrer, » et il l'a occupé de manière à l'empêcher de se

„ porter ailleurs. *Voilà ce que l'on voulait* et ce qui a
„ été exécuté ". (Ces mots étaient imprimés en caractères italiques.)

Je venais de faire une pétition afin d'obtenir ma mise en liberté.

„ Il résulte de cette sortie, que l'ennemi, malgré
„ ses bravades et ses ménaces, n'est pas formi-
„ dable, qu'il n'a pas jusqu'à présent d'artillerie
„ de siège, qu'il n'a pas assez d'infanterie pour
„ l'entreprendre, que Strasbourg est à l'abri des
„ coups-de-main, et que tous les almanachs que l'on
„ peut faire pour alarmer les habitans sont dé-
„ nués de fondement.

"*Signé* le Général Comte **BROUSSIER.**

Je ne mérite point cette sortie : je n'avais point l'intention d'alarmer les habitans.

www.ingramcontent.com/pod-product-compliance
Ingram Content Group UK Ltd.
Pitfield, Milton Keynes, MK11 3LW, UK
UKHW020449220726
13923UKWH00005B/2426